Mechthild Kleinschnittger

# *Exklusiver Keramikschmuck*

Frech-Verlag Stuttgart

Für eine gewerbliche Nutzung der gezeigten Modelle ist die Genehmigung des Verlags erforderlich.

Fotos: Birgitt Gutermuth



Auflage: 5. 4. 3. 2. | Letzte Zahlen
Jahr: 1993 92 91 90 | maßgebend

ISBN 3-7724-1296-3 · Best.-Nr. 1296



frech-verlag
GmbH + Co. Druck KG Stuttgart
Druck: Frech, Stuttgart 31

Umschlag-Vorderseite:
Beim oberen Objekt verstärkte Spitze für Reifendurchzug

*Glasuren: Weiß, glänzend – Schwarz, glänzend / Glanzgold*

*Umschlag-Rückseite:
Durchbruchmuster beim unteren Objekt durch Einschneidungen mit stabiler Nadel*

*Glasur: Weiß, glänzend / Platin*

Seite 1:
Frei modellierte Mädchenportraits

*Glasuren: Kupfergold – Goldbronze – Transparentglasur unter Mattgold-Auflage*

Der Werkstoff Ton macht es uns durch seine Bildsamkeit besonders leicht, individuelle Vorstellungen der eigenen Phantasie in schöpferischer Form auszudrücken. Beim Arbeiten mit Ton müssen aber durchaus nicht immer nur großformatige Objekte entstehen, dieses Material eignet sich auch hervorragend zum Modellieren feiner Schmuckstücke.

Mit den hier vorgestellten Modellen möchte ich Ihnen einen Einblick in die unzähligen Möglichkeiten keramischer Schmuckgestaltung geben und zeigen, daß mit gewöhnlichem, unschamottiertem Drehton und üblichen, bei niedrigen Temperaturen schmelzenden Keramikglasuren sehr zarte, an Porzellan erinnernde Schmuckstücke hergestellt werden können.
Ich gebe meinen keramischen Kreationen nach dem Glasurbrand zumeist noch ein exklusives Dekor, indem ich bestimmte Flächen mit einem Auftrag von Edelmetallpräparaten – Gold und Platin – verziere, der anschließend eingebrannt wird. Neben dieser Dekorationstechnik können in einem ähnlichen Verfahren attraktive, schillernde Farbspiele durch den Einsatz von Lüsterfarben erzielt werden. Sehr reizvoll wirken auch Aufschmelzungen von Tiffany-Glas im normalen Glasurbrand.
Die abgebildeten Objekte sollen vor allem als Anregung der Phantasie zur Entwicklung eigener Designs dienen.

Lassen Sie sich deshalb durch die Darstellungen inspirieren, werden Sie kreativ und begnügen Sie sich nicht mit einfachen Nachahmungen! Ton ist eine Herausforderung zu neuem Schaffen. Nehmen Sie sie an! Die größte Freude an einem fertiggestellten Stück hat man immer dann, wenn die Idee dazu der eigenen schöpferischen Kraft entsprungen ist.

Ich wünsche Ihnen für Ihre Arbeit vielfältige Ideen und eine gelungene Umsetzung zu ausdrucksstarken Schmuckstücken.

Ihre

# Individuelle Schmuckgestaltung aus Ton

## Tonmasse und Werkzeug

Zum Modellieren von Schmuckstücken sind unschamottierte Tone, die vorwiegend zum Drehen auf der Töpferscheibe verwendet werden, besonders geeignet. Diese Tone lassen sich sehr dünn ausrollen und sind ideal zum Ausführen feinster Modellierarbeiten, ohne daß Schamottekörner dabei stören.

Auch Porzellanmassen und unschamottierte französische Drehmassen – erhältlich in Geschäften für Keramikbedarf – haben sehr gute Form- und Ausrolleigenschaften. Für die Herstellung der gezeigten Objekte wurde gewöhnlicher weißer, unschamottierter Drehton verwendet, der nicht nur im Fachhandel, sondern auch in vielen Geschäften für Bastelbedarf angeboten wird.

*Kristallweiß – Stahlblau – Lüster Titan – Kupfergrün / Glanzgold*

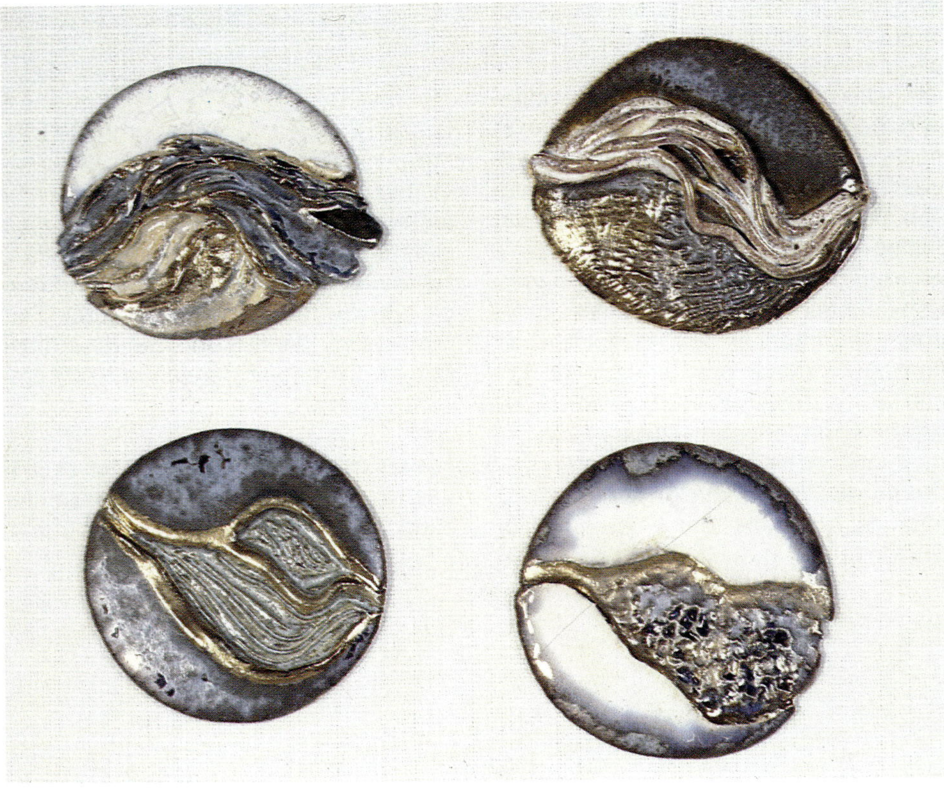

Für filigrane Modellierarbeiten gibt es spezielle, besonders dünne Modellierhölzchen, mit denen feinste Ausarbeitungen vorgenommen werden können. Sehr hilfreich ist auch ein Skalpell bzw. ein scharfes Graviermesser oder eine stabile Nadel zum Ausschneiden feingliedriger Formen.

## Formgebung

Die Grundplatte

Schmuckstücke sollten möglichst leicht sein, müssen aber für den täglichen Gebrauch auch eine gewisse Festigkeit besitzen. Wird der Schmuck nur „hauchdünn" gearbeitet, verlangt er auch eine entsprechend sorgsame Behandlung. Ein geringes Gewicht erreichen Sie am besten, wenn Sie die Tonmasse mit einer Teigrolle unter ständigem Wenden dünn auswalzen. Die jeweils erforderliche Plattenstärke hängt aber auch davon ab, ob Strukturierungen oder Abschabungen erfolgen sollen oder Abdrücke anderer Materialien vorgesehen sind, die ja eine gewisse Masse erfordern.

Nach dem Ausrollen wird die Grundplatte in der gewünschten Form zugeschnitten, an den Rändern dünn ausgestrichen und geglättet. Kleine runde und ovale Broschen kann man auch aus einer plattgedrückten Kugel formen. Diese Scheibe wird – von der Mitte ausgehend – in spiralförmigen Bewegungen zum Rand hin dünngestrichen, so daß die Grundplatte eine ganz leichte Hügelform annimmt.

Modellieren und Strukturieren

Dünn ausgerollte Tonplättchen lassen sich beliebig wölben, biegen oder in Wellen legen. Durch Aufmodellieren dünner Tonstreifen, die einseitig mit der Grundplatte verstrichen werden (siehe Abb. 1), ergeben sich zahllose Gestaltungsmöglichkeiten. Die freistehende Seite kann beliebig ausgewölbt werden.

Wer in bestimmten Feldern später verschiedene Glasuren auftragen will, die nicht ineinanderfließen sollen, kann bereits beim Modellieren gewisse Vorkehrungen treffen. Durch Anbringen von Höhenunterschieden durch Abschaben oder Aufmodellieren von Tonmasse, durch gezogene Rillen oder aufgesetzte, verstrichene Röllchen und Streifen wird ein unerwünschtes Verlaufen weitgehend verhindert (s. Seite 9).

Linienförmige Strukturierungen (Abb. 2, Seite 5) sind in unzähligen Variationen einsetzbar und können mit einfa-

1

2

Lüster Titan – Blau – Stahlblau – Weiß, zinngetrübt / Glanzgold – etwas Pyrit

chen Schaschlikstäbchen ausgeführt werden. Spitze und stumpfe Stäbchen und Bleistifte, Kugelschreiberminen u.ä. können für Eindrückmuster benutzt werden, scharfkantige Hölzchen zum Zusammenschieben von Tonmasse. Poröse Steinchen und Hölzer, Gräser, Blätter, Muscheln, Spitzenstoffe oder grobfaserige Stoffe, Knöpfe und ähnliche Materialien aus Natur und Haushalt hinterlassen oftmals interessante Abdrücke, die aber stets so tief sein sollten, daß sie von der Glasur nicht überdeckt werden.
Für die Herstellung dünner Tonfäden kann Tonmasse durch ein Sieb oder eine Knoblauchpresse gedrückt werden.
Denken Sie bei der Anfertigung von Kettenanhängern auch an die Anbringung entsprechender Löcher (unter Berücksichtigung der Schwindung).

## Trocknung

Dünn gearbeiteter Schmuck ist oft schon in wenigen Stunden angetrocknet. Um ein Verziehen oder Hochbiegen der Ränder zu verhindern, sollten dünnere Außenflächen vor zu schneller Trocknung durch Abdecken mit Folie geschützt werden. Hilfreich ist auch ein vorsichtiges Beschweren mit kleinen Gewichten (Tonbrocken, Steinchen), die zur Verhinderung des Anhaftens mit Papier unterlegt werden sollten. Unsaubere Ränder können vor dem Brennen mit feinem Sandpapier abgerieben werden.

*Goldbronze mit Kristallen – Kristallweiß / Glanzgold*

*Weißer Opal – Goldbronze /*
*Glanzgold, Poliergold*

# Glasuren

Keramikglasuren sind in Keramik- und Bastelbedarfsgeschäften erhältlich.
Die Wahl der Glasuren für keramischen Schmuck muß sehr sorgfältig getroffen werden. Eine Glasur kann eine Form hervorheben, sie betonen, aber auch zerstören. Selbst die beste Formgestaltung kann durch eine nicht dazu passende oder zu unruhige Glasur wirkungslos werden.
Aus den Abbildungen können Sie an vielen Beispielen ersehen, wie Glasuren auf verschiedenen Formen wirken oder welche Farbtöne gut miteinander harmonieren.
Grundsätzlich sollten vor Verwendung neuer Glasuren Probeplättchen verschiedener Tonfarben hergestellt und in wechselnder Auftragsstärke glasiert werden. Anhand dieser Proben können Sie schon vor dem Modellieren eines Schmuckstücks prüfen, welche Tonsorte zur Erreichung eines bestimmten Ergebnisses am besten geeignet ist.
Das Glasieren von Schmuck ist besonders einfach, wenn Sie nur *eine* Glasur verwenden. Es gibt sehr effektvolle Glasuren, die eine zusätzliche Benutzung anderer Farbtöne überflüssig machen. Ein aus mehreren Glasuren bestehender Auftrag erfordert auch ein entsprechend sorgsames Glasieren.

## Mehrfarbiger Glasurauftrag

Das Ineinanderfließen aufgetragener Glasuren ergibt oft reizende Effekte (z. B. Seite 6 und 10), ist jedoch bei abgegrenzten Teilflächen unerwünscht. Glasuren, die nebeneinander aufgetragen werden, vermischen sich an ihren Rändern mehr oder weniger stark miteinander, je nach Auftragsstärke und Fließverhalten der Glasur.
Überlegen Sie deshalb schon beim Modellieren eines Schmuckstücks, ob Teilflächen verschiedenartig glasiert werden sollen. Ist eine Glasurvermischung nicht erwünscht, sollten Sie die einzelnen Farbzonen durch Rillen oder Aufschichtungen von Ton- oder Schlickermasse, wie auf Seite 5 beschrieben, voneinander abgrenzen. Durch derartige Flächenabtrennungen wird die Gefahr des Ineinanderfließens der Glasuren wesentlich vermindert.
Vorteilhaft ist auch die Verwendung von nicht- oder nur schwachfließenden Glasuren. Die unmittelbaren Grenzzonen sollten stets nur dünn glasiert werden!
Bei fehlenden Abgrenzungen läßt man zwischen den aneinanderstoßenden Glasuren einen kleinen Spalt unglasiert.

## Wie beseitigt man unerwünschte Glasurvermischungen?

Trotz aller Vorkehrungen kann es passieren, daß aufgetragene Glasuren über Rillen und Erhebungen hinweglaufen und sich in unerwünschter Weise vermischen. Mit einer flächenhaften oder linienförmigen Gold- bzw. Platin-Auflage werden diese Stellen soweit abgedeckt, bis sich wieder klare Ränder ergeben. Für eine darartige Edelmetallauflage ist aber ein dritter Brand erforderlich. Mit der Goldfarbe „Liquid Leaf“ oder mit Gold- und Silber-Lackmalstiften können kleine Fehlerstellen durch einfaches Aufmalen nachträglich – ohne Einbrand – ausgebessert oder kleine Effekte erzielt werden.

**Flüssigglasuren** (Fertigglasuren)

Flüssig-Glasuren sind bereits vom Hersteller in der richtigen Konsistenz eingestellt und ermöglichen somit auch dem Anfänger ein problemloses Glasieren. Diese streichfertigen Glasuren werden meist in 100- oder 200-ml-Dosen angeboten. Gerade bei der Schmuckherstellung ist die Verwendung solcher Glasuren vorteilhaft, da nur kleine Mengen benötigt werden.

Nach gründlichem Durchschütteln der Dose wird die Glasur mit einem flachen Pinsel in zwei bis drei reichlichen Schichten auf die geschrühte Keramik aufgetragen, wobei der vorangegangene Anstrich jeweils angetrocknet sein muß.

Sehr farbfreudig sind die aus den USA kommenden – auch hier erhältlichen – Flüssigglasuren, unter denen sich leicht der zur modischen Kleidung passende Farbton finden läßt. Viele dieser Glasuren wirken besonders gut beim Einsatz auf kleinen Flächen wie z. B. bei der Schmuckherstellung. Ihr Brennbereich liegt etwa zwischen 1015 °C und 1040 °C (Gebrauchsanweisung und Temperaturangabe des Herstellers beachten). Diese Glasuren sind auf den Abbildungen durch die englische Bezeichnung zu erkennen.

*Pink Fizz – Plum Beautiful*

## Kristall-Flüssigglasuren

Viele der amerikanischen Glasuren enthalten Kristalle verschiedener Größe. Tragen Sie, wenn keine andere Anweisung gegeben ist, zunächst zwei reichliche Glasurschichten auf, die jeweils erst antrocknen müssen. Rühren Sie die Glasur nun gut durch, damit sich die Kristalle gleichmäßiger verteilen und führen Sie den dritten Anstrich durch. Größere Kristalle setzen sich am Boden ab. Nehmen Sie die größeren Kristallkörnchen mit einem Löffelchen aus der Dose heraus und legen Sie diese gezielt an eine vorher bestimmte Stelle in die noch feuchte Glasur. Hierdurch entstehen interessante Farbspiele. Gerade bei kleinen Schmuckobjekten sollten Sie es nicht dem Zufall überlassen, wo der Farbeffekt entsteht. Nicht zuviele große Kristalle auflegen, auch nicht direkt an den Rändern! Ist die Kristallbildung nicht stark genug ausgefallen, können weitere Kristalle aufgelegt und eingebrannt werden.
Auf diese Weise sind mit *einer* Glasur ruhige und effektvolle Flächen und verschiedene Farbtöne zu erzielen.

## Brenntemperatur

Die Glasuren der abgebildeten Objekte wurden bei Temperaturen von ca. 1040 °C bis 1050 °C gebrannt. Sie können Ihren Schmuck zur Steigerung des Härtegrades natürlich auch bei höheren Temperaturen brennen, wenn Sie für den gewählten Brennbereich geeignete Tonsorten und Glasuren verwenden.

*Mitternachtsblau – Weiß, seidenmatt (Streifenbemalung durch Lackmalstift)*

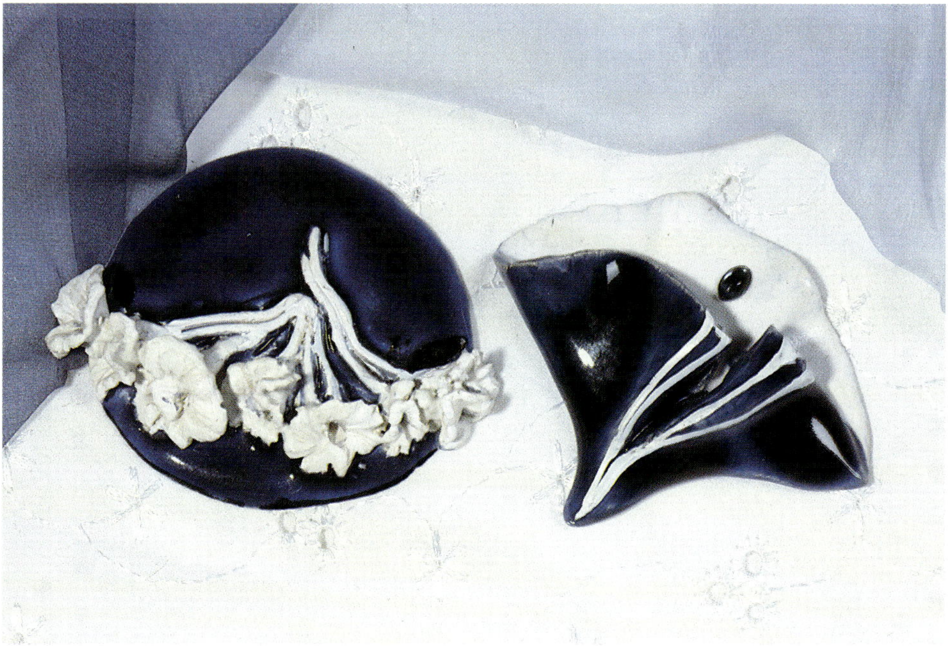

# Die Dekoration mit Edelmetallen – Gold- und Platin-Malerei

## Allgemeines

Durch Verzierungen mit Gold und Platin erhält keramischer Schmuck eine besondere, edle Note. Diese Edelmetalle werden auf gebrannte Glasuren aufgestrichen. Der Auftrag erfordert ein nochmaliges Brennen bei niedriger Temperatur (siehe Seiten 16-18).
Edelmetallpräparate werden unter der Bezeichnung „Glanzgold", „Poliergold" (auch „Mattgold" genannt) und „Glanzplatin" (auch als „Glanzsilber" bezeichnet) in flüssiger Form in Fläschchen zu 2-10 g angeboten. Sie sind in Keramik- und vielen Bastelbedarfsgeschäften erhältlich.
Glanzgold kommt hochglänzend aus dem Ofen.
Poliergold hat nach dem Brand ein stumpfes Aussehen und muß deshalb noch mit angefeuchtetem, feingesiebtem Quarz- oder Seesand poliert werden, bis es in dezentem Glanz erstrahlt.
Statt Silbermetallen, die mit der Zeit anlaufen würden, bietet der Handel Glanzplatin an, das einen silberartigen Hochglanz besitzt.
Glanzpräparate haben meist einen 12prozentigen Edelmetallgehalt. Bei Poliergold liegt der Goldgehalt oft wesentlich höher. Die Preise dieser Präparate sind je nach Edelmetallgehalt verschieden. Auf den ersten Blick erscheinen diese Produkte teuer – gemessen am geringen Inhalt der Fläschchen. In der Praxis merkt man aber schnell, daß nur winzige Mengen für ein Schmuckstück benötigt werden. Vorhandene Strukturen, Aufmodellierungen wie Röllchen, Kügelchen u. ä. lassen sich schon mit wenigen feinen Pinselstrichen wirkungsvoll hervorheben.
Der Inhalt eines 5-g-Fläschchens reicht zumeist für einen ganzen Töpferkurs. Für den einzelnen Käufer ist das 2-g-Fläschchen zu empfehlen. Die Freude an der eigenen Herstellung eines solchen Schmuckstücks wiegt gewiß den bei der Kostenumlegung entstehenden geringen Mehrbetrag auf.
Edelmetall-Präparate sollten an einem kühlen Ort aufbewahrt werden. Sie sind nur begrenzt lagerfähig.

## Anwendungsart

Die Edelmetallpräparate werden auf die gebrannte Glasur des keramischen Objekts mit einem weichen Haarpinsel in sattbrauner Lage gleichmäßig aufgestrichen. Eine zu dicke Auflage kann beim Brennen abplatzen. Poliergold muß vor dem Gebrauch und während der Verarbeitung gut aufgeschüttelt werden (nicht erforderlich bei Glanzpräparaten). Der Untergrund muß staub-, fettfrei und trocken sein und sollte vor der Bemalung mit einem wasser- oder spiritusbefeuchteten Tuch gereinigt werden. Edelmetallpräparate können an der Luft zu einem gewissen Teil verdunsten. Entnehmen Sie deshalb mit dem Pinsel jeweils nur 1-2 Tropfen und geben Sie diese in ein sauberes Porzellan- oder Glasnäpfchen oder auf eine Porzellanpalette. Verschließen Sie die Flasche sofort wieder und arbeiten Sie nur von Ihrem Näpfchen aus. Vermeiden Sie nach Möglichkeit die Entstehung unbeabsichtigter Flecken oder das Auswischen von Goldaufträgen, da nach dem Brand meist violette Schlieren sichtbar bleiben, die sich nur mühsam entfernen lassen. Durch langes Öffnen oder Lagern zähflüssig gewordene Präparate können mit Edelmetall-Verdünnungsöl wieder streichfähig gemacht werden. Achten Sie beim Kauf darauf, daß Sie keine eingedickten Produkte erhalten.

*Ihr Arbeitsplatz sollte beim Umgang mit Edelmetallen vollkommen sauber sein. Pinsel und Reinigungsmittel, die Sie für Gold benutzen, dürfen nur für Gold und für nichts anderes benutzt worden sein und benutzt werden. Gleiches gilt für die Platinpinsel. Bewahren Sie Gold- und Platinpinsel stets getrennt auf.*

*Kristallglasur Raspberry-Ice – Weiß, glänzend – Black / Glanzgold*

*Schwarz, glänzend – Weiß, glänzend / Glanzgold, etwas Platin*
*schwarzer Ohrring (unten),*
*goldfarbiges Metall-Element*

*Schwarz, glänzend – Chocolate Marshmallow – Weiß – Glanzgold, Mattgold*

Die Pinsel können Sie in reinem Terpentinöl auswaschen, Palette und Näpfchen reinigen Sie gründlich mit Spiritus.
Die Edelmetalldekoration sollte an einem staubfreien Ort trocknen und kann schon nach kurzer Zeit gebrannt werden.

**Untergrund und Brenntemperatur**
Das Ergebnis eines Edelmetallauftrags ist abhängig vom Untergrund – also von der jeweiligen Keramikglasur – und von der eingestellten Brenntemperatur. Wer mit Edelmetallen arbeiten will, sollte bereit sein, ein bis zwei Probebrände mit seinen schönsten Glasurproben durchzuführen, möglichst schon vor dem Glasieren des angefertigten Schmucks (1-2 kleine Pinselstriche je Probe genügen).
Das unterschiedliche Erweichungsverhalten der Glasuren während des Brennprozesses kann unterschiedliche Temperaturen für den Edelmetalleinbrand erfordern.

*Schwarz, glänzend / Glanzgold, Platin*

> Bei zu niedriger Brenntemperatur weist die Edelmetallschicht eine ungenügende Haftfestigkeit auf. Wird die optimale Brenntemperatur wesentlich überschritten, wird das Edelmetall unansehnlich.

Aus den eingebrannten Edelmetallaufträgen ersieht man, ob die Temperatur höher oder niedriger eingestellt werden muß. Durch diese Probebrände erhält man einen weitreichenden Überblick zur Beurteilung, welche Glasuren am besten verwendet werden können. Der Umgang mit diesen Präparaten ist längst nicht so schwierig, wie es durch die langen Ausführungen erscheinen mag.

Die von den Lieferanten angegebenen Temperaturen weisen im allgemeinen einen breiten Spielraum auf und liegen für Keramik bzw. Steingut meist zwischen 600 °C und 740 °C (für Steinzeug oft etwas höher). Für den ersten Probebrand können Sie zunächst einen Mittelwert des angegebenen Temperatur-

*Schwarz, glänzend – Weiß, glänzend*
*Glanzgold, Platin*
*unten rechts: im Mittelfeld goldfarbiges Metall-Element*

bereichs einstellen. Sind Ihre Ergebnisse nicht zufriedenstellend ausgefallen, wiederholen Sie den Edelmetallauftrag und brennen Sie die Proben nochmals bei einer niedrigeren bzw. höheren Temperatur.
Bei den hier gezeigten Objekten ist der Edelmetalleinbrand bei 680 °C bis 720 °C durchgeführt worden.

Während des Brennprozesses – vor allem in der ersten Phase des Brandes bis ca. 450 °C – müssen die entstehenden Dämpfe gut entweichen können. Durch Mangel an Sauerstoff wird die Verbindung mit der Glasur verhindert. Außerdem können die Edelmetalle dadurch ihren Glanz und ihr metallisches Aussehen verlieren. Der Temperaturanstieg soll langsam erfolgen.

*Kristallweiß – Moosgrün*
*Glanzgold, Mattgold*
*Fuchsit- und Pyritsteine*

Schöne Glasuren, die sich für einen Edelmetallauftrag nicht bewährt haben, lassen sich auf Teilflächen trotzdem einsetzen. Hier wird dann nur die restliche, für das Gold- oder Platindekor vorgesehene Fläche mit einer geeigneten Glasur versehen.
Durch diese Handhabung können für die Schmuckherstellung z. B. auch die sehr apart wirkenden, herkömmlichen Glasuren mit ausgeprägter, ganzflächiger Kristallbildung eingesetzt werden, auf denen ein Goldauftrag durch die Kristalle oftmals recht fleckig wird.
Hochglänzende Goldauflagen erhält man am leichtesten durch Verwendung glänzender Glasuren; auf sehr matten Unterlagen brennt die Dekoration oft nur mit mattem Glanz aus.

# Wie formt, glasiert und brennt man Perlen?

Rollen Sie einen Wulst aus und teilen Sie diesen in gleich große Stücke. Formen Sie aus jedem Stück eine Perle bzw. Kugel. Durchbohren Sie die Perle zunächst mit einem dünnen, danach mit einem etwas dickeren Stäbchen. Berücksichtigen Sie dabei die Schwindung des Tons, die Stärke des Branndrahtes und bedenken Sie, daß die Perlen später auf ein Leder- bzw. Kautschukband aufgefädelt werden müssen.
Zum Glasieren schieben Sie jeweils eine gebrannte Perle so auf das Ende eines Pinselstiels, daß sie fest ansitzt und nicht herunterfällt. So läuft keine Glasur in die Bohrung. Tauchen Sie den Pinselstiel nun kurz in die Glasur und lassen Sie die Perle auf dem Stiel trocknen. Eventuell sich bildende Glasurtropfen sollten abgestreift werden, solange die Glasur noch feucht ist.
Zum Brennen werden die Perlen auf speziellem Perlendraht (gedrehter oder glatter, 2-2,5 mm starker Kanthaldraht) aufgereiht. Für die Auflage des Drahtes gibt es verschiedenartige Perlenständer. Die Abbildung zeigt einen Ständer, der im Handel erhältlich ist, aber auch leicht selbst aus Ton hergestellt werden kann.

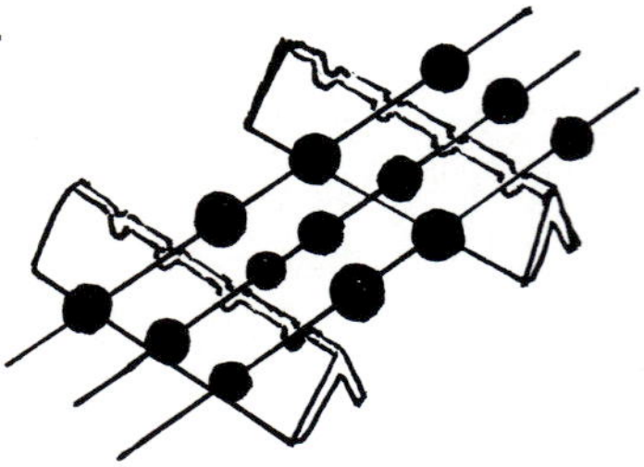

*Kristallglasur Candy Corn –*
*Kristallweiß – Stahlblau – Mitternachtsblau*

**Schmuckzubehör**

Das für die Schmuckherstellung benötigte Zubehör wie Broschennadeln, Anhängerösen, Gürtelschließen, Ohrhaken, Halsreifen, Leder- und Kautschukbänder mit den passenden Verschlüssen für die Kettenherstellung sowie vergoldete Kugeln, Röhrchen und Scheiben zum Auffädeln erhalten Sie in fast allen Bastelbedarfsgeschäften.

*Weiß, glänzend – Mitternachtsblau Kristallweiß – zum Teil unter Goldauflage „Transparent, farblos" (s. S. 20 oben) – Glanzgold, etwas Platin*

# Die Faltentechnik

Das spielende Modellieren mit Falten sollte stets Ausdruck der Phantasie sein, nicht eine gequälte Nachahmung irgendwelcher Vorlagen. Genaues Nacharbeiten ist zudem schwierig und gewiß nicht sinnvoll. Der Reiz liegt ja gerade in den sich immer wieder neu ergebenden Formen.
Zum Falten ist der Ton besonders dünn auszurollen, damit die Objekte einen zarten Charakter erhalten und das Gewicht nicht zu groß wird. Die Grundplatte erfordert keine besondere Form. Gerade dann, wenn Sie sich nicht auf bestimmte Flächen festlegen, ergeben sich immer wieder neue Kreationen.
Legen Sie das Tonplättchen einfach wie einen Stoff in verschieden große Falten, entweder mit den Fingern oder mit einem feinen Modellierhölzchen. Die Falten können Sie beliebig auseinanderbiegen, abflachen, aneinanderdrücken oder in sanft auslaufender Form verstreichen.

*Kristallweiß – Goldbronze/Glanzgold*

Gürtelschließe: Zwei Rechtecke wurden in Falten gelegt, zusammengefügt und an der Rückseite verstrichen.

Goldbronze – Kristallweiß/<u>Glanzgold</u>

# Dekorationen mit Mineralien, Perlmutt, Glassteinen u. ä.

Glasierte und goldverzierte Keramik benötigt im Grunde keinerlei zusätzliche Dekoration. Eine schöne Glasur oder eine Goldauflage wirken für sich. Bei der Vielfalt der Ideen lassen sich trotzdem in vielen Fällen, besonders in vorhandenen Mulden, noch Akzente setzen, die aber stets mit Form und Glasur in Einklang stehen sollten. Bei der Auswahl des Dekorationsmaterials muß immer der Charakter der Keramik berücksichtigt werden.
Ich nehme hierfür gern natürliche Mineralien wie Pyrit, Fuchsit, Quarz-Kristalle u. ä. Auch Perlmuttscheiben, Glas-, Schmuck- oder Sodalith-Steine (Abb.) lassen sich für solche nachträgliche Verzierungen verwenden (erhältlich in Bastelbedarfs- bzw. Mineraliengeschäften).
Alle diese Materialien werden nach dem letzten Brand mit einem 2-Komponenten-Kleber befestigt.

*Bild rechts:*
*Goldbronze – Weiß – Schwarz – Kristallweiß / Glanzgold*
*Dekoration mit Porzellan-Platine und Sodalith-Steinen*

*Bild links:*
*Kristallweiß – Goldbronze*
*Glanzgold, Mattgold*

*Glasuren: Pink Fizz, Plum Beautiful, Lila, Weiß, Blattgrün, Schwarz, Kristallweiß*

**Rosenblüten**

Von einem gleichmäßig ausgerollten dünnen Wülstchen schneidet man mehrere schmale Stückchen ab. Für das Mittelteil der Blüte wird ein Stück doppelter Länge benötigt. Dieses Mittelteil wird zu einem dünnen Rechteck gedrückt, tütenförmig aufgerollt und am unteren Ende fest verknetet. Die abgeschnittenen kleineren Stücke werden ebenso flachgedrückt, nacheinander versetzt angeordnet und nach unten mit dem Mittelteil verstrichen. Die obere Blatthälfte wird jeweils nach außen gebogen und das Stielchen mit der Grundplatte verstrichen.

Solch kleine Blüten kann man auch herstellen, indem man kurze, dünn ausgerollte Tonstreifen spiralförmig um ein Holzstäbchen wickelt, den Rand dabei nach außen wölbt und das untere Ende eng an den Stab preßt.

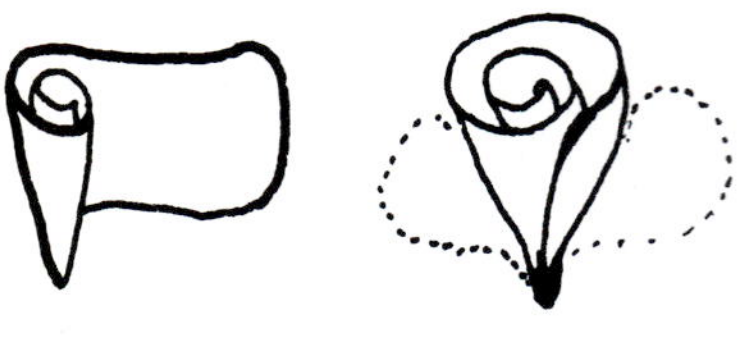

*Kristallweiß – Goldbronze – Weißer Opal / Glanzgold*

**Brennhilfsmittel**

Schmuckstücke, die bei niedrigen Temperaturen gebrannt werden sollen, können auf der Rückseite glasiert werden. Zum Brennen solcher rückseitig glasierter Flächen sind Stahldreifüße mit 6 Spitzen besonders geeignet (Abb.). Sie hinterlassen nur geringe Spuren. Glasur-Rückstände an diesen Dreifüßen sind leicht zu entfernen. Die leichteren Drahtfüße mit 4 Spitzen sind zwar auch brauchbar, haben aber den Nachteil, daß sie sich nach öfterem Gebrauch stark verformen.

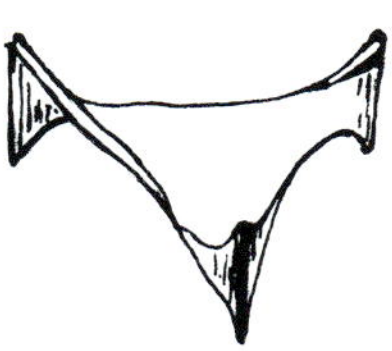

## Attraktive Effekte durch Aufschmelzen von Tiffany-Glas

Mit aufgeschmolzenem Glas lassen sich auf einfache Weise lebendige Effekte erzielen. Die Verschmelzung des Glases mit der Glasur hat den Charakter einer Einheit, des unmittelbaren Zusammengehörens.
Die besten Ergebnisse meiner Glasaufschmelzungen habe ich mit Tiffany-Glas erzielt, das in verschiedenen Farbtönen verläuft. Man legt hierzu einige Glasstückchen auf eine glasierte Fläche (Abb. oben) oder in eine Mulde (Abb. unten) und brennt Glasur und Glas im gleichen Brand bei etwa 1040 °C.
Viele Hobbygeschäfte bieten Tiffany-Bruchglas in allen Farbschattierungen preiswert an.

*Bild rechts: Schwarz, glänzend – Weiß, glänzend / Tiffany-Glas-Aufschmelzung / Glanzgold*

*Bild links: Oelspot, Nerzgrau – Dekoration mit Silberstift, Quarz-Kristallen, Glasstein und Wachsperlen*

*Kristallweiß – Grau-blau – Lüster Titan / links: Tiffany-Glas-Aufschmelzung / Glanzgold*

**Natürliche Strukturen durch die Schabetechnik**

Eine sehr einfach auszuführende, aber überaus reizvolle Gestaltungsmöglichkeit bietet die Schabetechnik, die ich auch gern beim Formen von Blüten und Blättern anwende. Mit einem Schälmesser wird mehrmals über die Oberfläche einer dicken Tonscheibe geschabt. Das Messer dabei immer wieder neu ansetzen und Druck auf die Messerspitze ausüben. Hat sich eine gut strukturierte Fläche am Messer aufgeschichtet, wird sie heruntergeschoben und mit etwas Schlicker an der Grundplatte befestigt. Vorsichtig mit spitzem Hölzchen etwas andrücken. Zur Blütenherstellung die abgeschabte Fläche zusammenrollen (s. Seite 11).

*Kupfergold – Havanna – Braun-violett*
*Kristallweiß – Goldbronze / Glanzgold*

*Bild links:*
*Downright White – Schwarz glänzend*
*Platin*

*Kristallweiß / Lüster-Aufglasur: Mittelblau / Glanzgold – blauer Glasstein*

*Bild links:*
*Kristallweiß – zur Goldunterlage:*
*Transparent farblos glänzend*
*Glanzgold, Mattgold*

*Black – Downright White /*
*Glanzgold, Platin*

*Black / Platin, Glanzgold*

**Aufkleben von Broschennadeln**
Broschennadeln klebt man am besten mit einem 2-Komponenten-Epoxid-Harz-Kleber auf, der eine lange Verarbeitungszeit hat, z. B. „UHU plus endfest 300“. Broschennadeln halten besser auf rauhen Flächen, man könnte aus diesem Grund einen kleinen Streifen unglasiert lassen. Bei glasierten Flächen ist es ratsam, Brosche und Nadel aufzurauhen. Nach Ende der Verarbeitungszeit des Klebers kann die Endfestigkeit durch eine Erwärmung im Backofen meist noch erheblich erhöht werden. Richten Sie sich aber hier genau nach der Gebrauchsanweisung Ihres Klebers.

*Oelspot / Glanzgold, Platin (auf weißer Grundglasur) / Pyrit*
*Lederbänder rückseitig mit Zweikomponentenkleber befestigen*

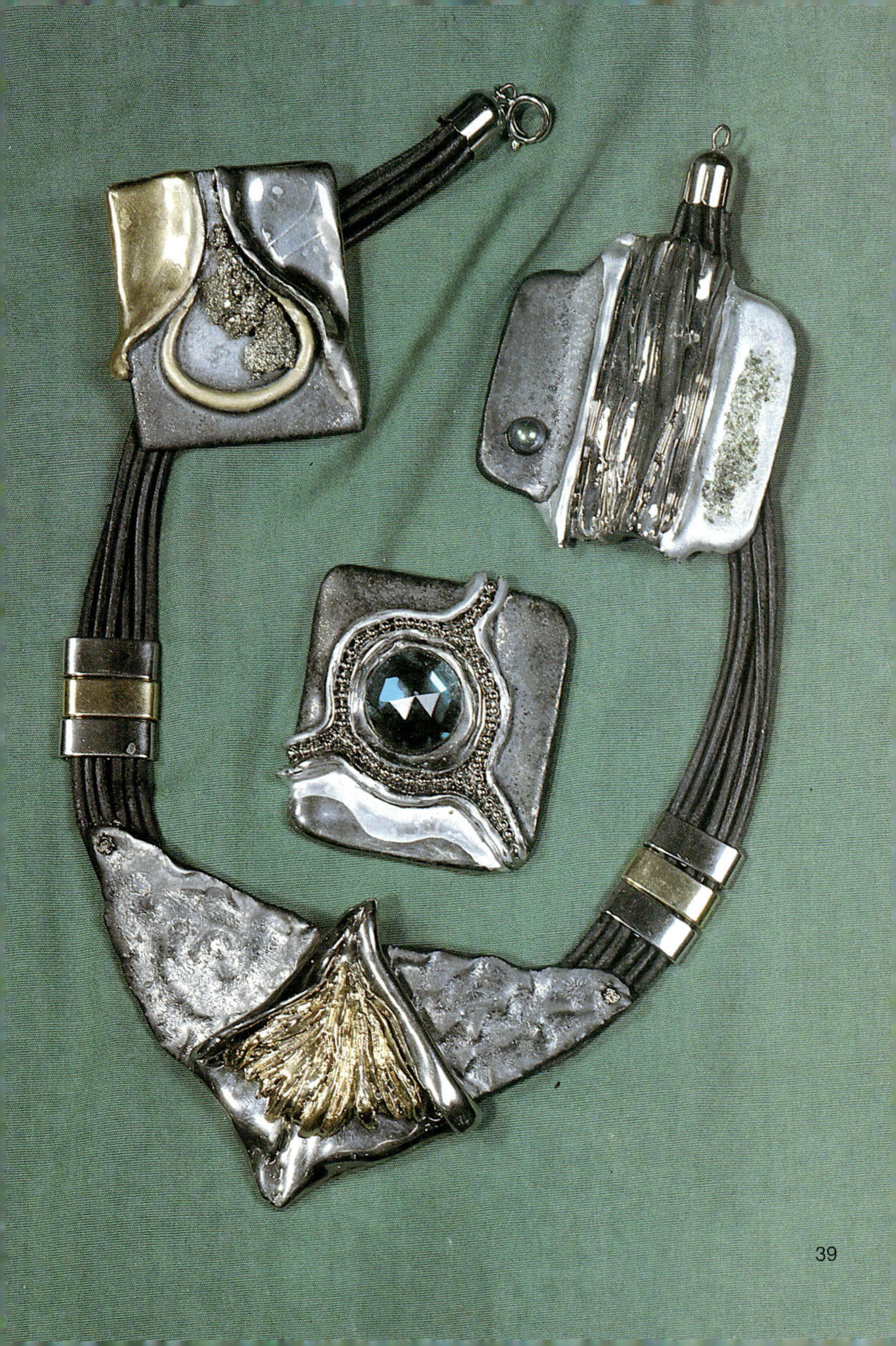

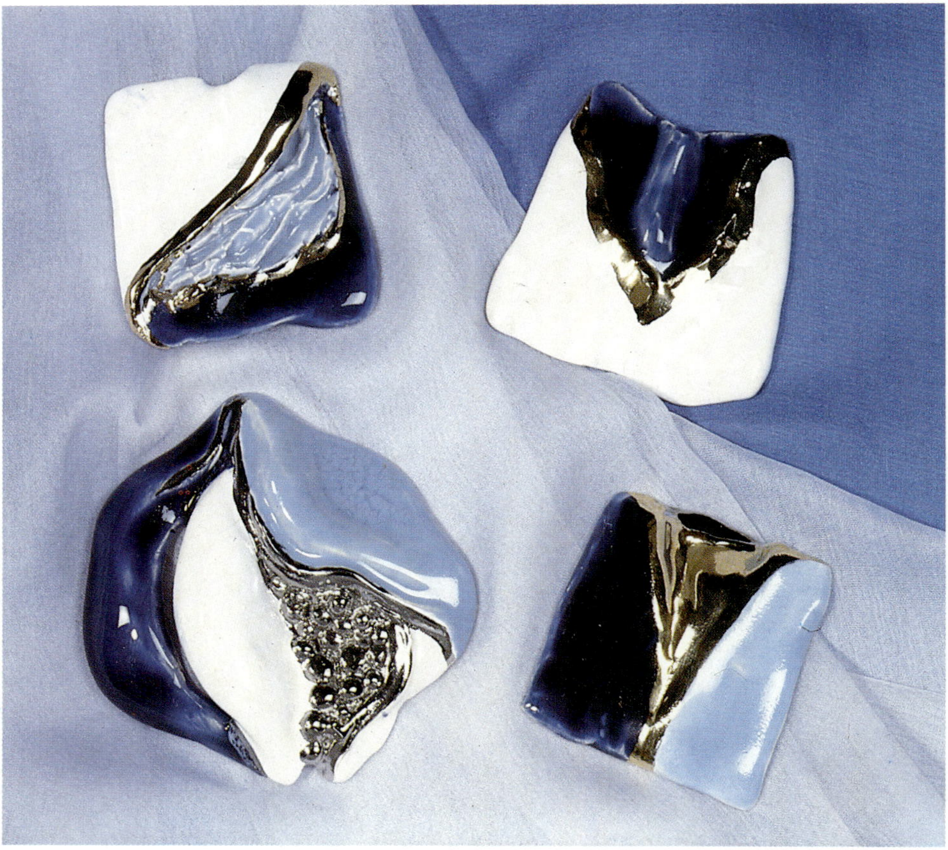

*Downright White – Catalina Blue – Mitternachtsblau / Glanzgold, Platin*

**Extravagante Armreife**

Die abgebildeten Armreife sollen Liebhabern individuellen Schmucks vor allem als Anregung dienen. Armreife können in geschlossener Ringform, als Halbkreis oder mit einer Öffnung an der Unterseite gearbeitet werden. Bei den abgebildeten Modellen wurde der Armreif jeweils als Halbkreis grob vorgeformt, am eigenen Arm angepaßt und dann auf der Arbeitsplatte weiter ausmodelliert. Auf einer Papprolle mußte der Armreif zunächst antrocknen, wurde dann in noch plastischem Zustand um den eigenen Arm gelegt und mit dem Fön langsam und vorsichtig trockengeblasen. (Dieses Verfahren nicht bei geschlossenen oder nur wenig geöffneten Modellen anwenden.) Für die untere Hälfte wurde vom Goldschmied als Verbindungsstück eine vergoldete Spange angefertigt. Solche Reife lassen sich relativ einfach brennen. Dazu legt man einen Stahldreifuß über eine Aufbaustütze und legt den Armreif darüber (Abb. 1).

Zum Brennen eines Reifs mit kleiner Öffnung an der Unterseite können Sie sich einen Brennständer aus einer schmalen Tonröhre anfertigen. Diese muß oben so breit sein, daß sie einen Stahldreifuß tragen kann (Abb. 2).
Das Brennen geschlossener Modelle kann unter Verwendung von Sparstäben und Sparstützen erfolgen, die im Keramik-Fachhandel erhältlich sind.

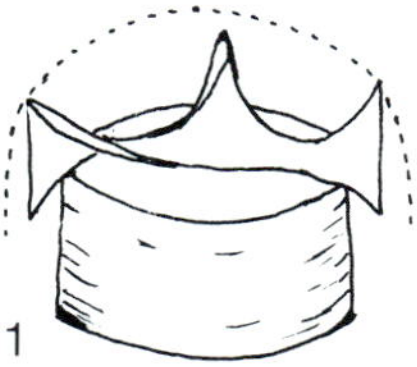
1

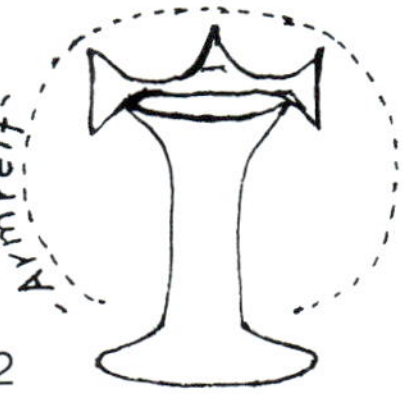

2

*Weiß, glänzend / Glanzgold, Mattgold*

*Kristallweiß – Antikbronze – Weiß glänzend – Transparent farblos / Glanzgold, Mattgold*

*Raspberry Ice –*
*Black / Glanzgold*

*Kupfergold –
Sandfarben –
Sahara –
Kölsch-braun –
Havanna
Weiß – Calypso /
Achatscheibe*

*Blaugrau – Havanna – Antikbeige – Rostfarben*

# Lüsterfarben (Abb. Seiten 46/47)

Der Auftrag von Lüsterfarben gehört nach der Bemalung mit Edelmetallen wohl zu den wertvollsten und schönsten Techniken zur Dekoration fertig glasierter Schmuckstücke. Ihr schillernder bis irisierender Glanz wirkt sich hierbei besonders attraktiv aus.

**Untergrund und Brenntemperatur**

Die flüssigen, malfertigen Lüsterfarben werden auf gebrannte Glasuren aufgetragen, so daß auch hier ein dritter Brand erforderlich ist.

Lüster sind vielfach auf Edelmetallen aufgebaut. Während des Brennprozesses entwickelt sich bei den Lüstern eine hauchdünne Metalloxidschicht.

Nehmen Sie am Anfang eine weiße, glänzende Grundglasur (auch bei allen abgebildeten Objekten ist eine weiße Glasur verwendet worden). Später können Sie auch farbige Glasuren auf ihre Eignung hin testen.

Ermitteln Sie die für Ihre Glasuren optimale Temperatur für den Lüstereinbrand jeweils durch eigene Versuche.

Der von den Herstellern angegebene Brennbereich der Lüsterpräparate liegt im allgemeinen für Keramik bzw. Steingut etwa zwischen 600 °C und 740 °C.

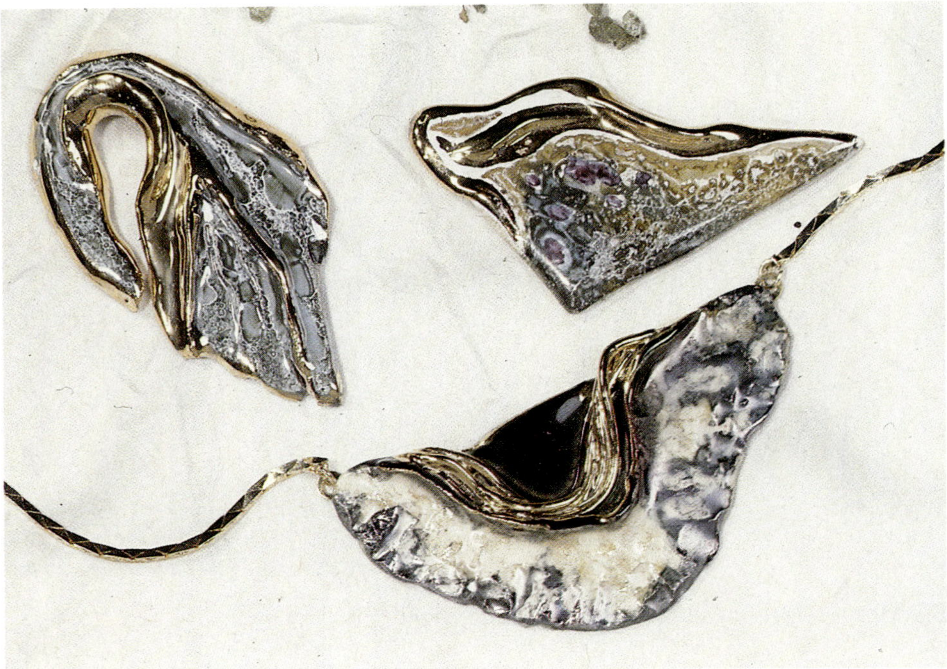

*Zirkonweiß (Grundglasur für den Lüsterauftrag)*
*Lüster: Mittelblau – Craquelierlüster: Braun und Grün (mit Craquelierlösung) – Glanzgold*

Die Lüsterdekore der abgebildeten Objekte auf Seite 46/47 wurden bei einer Temperatur von 720 °C eingebrannt. Edelmetall- und Lüsterdekore können gemeinsam gebrannt werden.
Wie bei den Edelmetallen müssen auch hier die beim Brennprozeß entstehenden Dämpfe gut entweichen können (s. Seite 18).

**Auftrag**
Die bei der Edelmetallbeschreibung gemachten Angaben zur Vorbehandlung der Auftragsflächen, Reinigung der Pinsel u. ä. sowie zur Lagerfähigkeit der Produkte treffen auch für die Lüsterfar-

*Edelmetall- und Lüsteraufträge dürfen sich bei einer gleichzeitigen Dekoration auf einem Objekt nicht berühren. Soll ein Edelmetall-Dekor direkt auf einer Lüsterfläche aufgebracht werden, ist ein zusätzlicher Brand erforderlich.*

*Für den Lüsterauftrag verwendete Pinsel dürfen nicht für andere Farben oder Edelmetalle benutzt werden.*

*Glasuren wie auf Seite 46 beschrieben – Blazerbrosche: Weiß – Schwarz glänzend – Glanzgold*

ben zu. Die Farben werden mit einem weichen Haarpinsel dünn aufgetragen, zu dicke Lagen platzen beim Brennen leicht ab. Mit Lüsterfarben malt man nicht, sondern trägt sie frei und flächig auf. Die dekorierte Ware läßt man vor dem Brennen an einem warmen, staubfreien Ort trocknen.

Besonders effektvolle Lüsterdekore kann man durch den Auftrag einer Craquelier- bzw. Marmorierlösung erhalten. Hierdurch entstehen interessante Craquelierungen (Abb.) bzw. Marmorierungen mit weißen oder gefärbten Adern und schattierten Feldern. Zur Erzielung des Craqueliereffektes werden

auch spezielle Craquelier-Lüster angeboten.
Die Craquelier- bzw. Marmorierlösungen werden auf einen getrockneten Lüsterauftrag, wenn dieser gerade noch schwach klebt, aufgetragen. Nach Antrocknung der Lösungen sollte die dekorierte Ware möglichst bald gebrannt werden.
Die für die Craquelierlösung benutzten Pinsel werden mit Wasser ausgewaschen.
Alle Lüstertechniken hier zu erwähnen, wäre zu umfangreich und würde nur verwirren. Die Angaben sollen nur Grundkenntnisse vermitteln und zur intensiveren Beschäftigung mit dieser Technik ermuntern.

*Kristallglasur Candy Corn*

Von der Autorin erschien bereits:
**Kreative Keramik**
Die Autorin gibt mit phantasievollen keramischen Arbeiten – modellierte Wandbilder, individuelle Gefäßformen, rustikale Oberflächenstrukturen u.ä. – Anregung zum schöpferischen Gestalten und Hilfe durch ausführliche Arbeitsanleitungen und Erklärung vereinfachter Arbeitsmethoden.
64 Seiten, 72 Farbfotos
Best.-Nr. 1187